Space as Architecture and Art:
Glimpse into the Design of
Foreign Public Art Venues

空间／
国外公共艺术场馆设计掠影

编著：刘　丹

浙江人民美术出版社

目 录 Catalog

空间 / 国外公共艺术场馆设计掠影

何为"空间"，一处能满足你活动需求的环境就是空间。随着建筑空间设计探究的深入，空间的概念在不断地被认识，当代空间的设计行为被赋予了敢于挣脱教条式的创新精神。建筑本身对空间的要求已经在社会生活的大环境中过渡成为较为成熟的实用主义设计。而本书中的"空间"是指公共艺术的空间。公共艺术空间的社会实用性转型尤为明显，它已经成为艺术体系中的一个呈现载体。它将艺术、建筑空间美学和人们生活需求作了三维化的连接。如此，公共艺术空间成为一个纽带，将社会生活的外延与内涵纳入设计范畴里，将社会个体的体验感受镶嵌于空间的设计当中，成为空间体验的一部分。

当我们推开一座建筑的大门，你就身处于它所营造的空间之中了，设计完美的空间就是在你推开门的那一刻，它已经将你的所有感官激发，而不仅仅是用眼睛在看。空间的激发在于与参观者体验的交流，空间是通过空间感知、空间层次、空间语言三方面构成与观众视觉和心理的交流。

梅洛·庞蒂描述空间感知为："被感知的景象不属于纯粹的存在。我们所看见的被感知景象不是我个人的经历的一个因素。因为感觉是一种重新生成，它必须以一种在我身上的预先构成的沉淀为前提。"所以人们对空间的感知可以是感性或者是理性的，通过设计师的设计将参观者带入空间所提供的情绪中。比如博物馆空间，参观者在已设定的环境中通过空间环境及展题导向，调整自己对应的情绪，这样的情绪也许是融合的也许是冲突的，但这都与空间建立了一种体验上的互动。

同时，完善的空间设计一定是具有节奏的，它通过不同层次的空间递进将观众带入空间的高潮区域。在本书艺术场馆空间展示示例中，我们可以看出，在空间层次的设计中少不了"冗余空间"的巧妙运用，冗余空间是对主体空间的一种延展、缓冲、补充的空间。如美术馆博物馆中餐饮区域、社交区域等。这样的冗余空间赋予了主体空间更大的可塑性以及更长久的使用寿命。一个完整的空间大致由四部分组成：储展空间、社交空间、工作空间、弹性空间。

每一个空间都有着自己的呈现语言，本书通过编选的大量实景图片，来展现作为公共艺术空间它所具有的多样性功能特质与性格。这包括了设计师的个性化精神以及社会历史环境的内外在要求。比如书中有一部分的场馆是在已有的旧址建筑上翻修扩建而最终建成如今的规模和样式。这样便对设计有了框架性的要求，在空间的设计中势必要考虑它的历史人文价值与渊源，要保护和发展它，再通过设计师的设计语言最终实现。空间语言也体现在如何处理空间与环境的平衡关系。书中提到一些建于特殊环境的场馆，例如阿拉伯公共图书馆，它通过模仿北亚利桑那州沙漠里的峡谷来与周围的自然环境相协调相和谐。它们是在一个有序的环境中通过建筑空间的存在帮助使用者"脱序"，让建筑新颖但不突兀，在出乎意料的空间里体验到情理之中的舒适，空间与环境既协调又互相添彩。而另一种重要的空间语言就是更为具象的，比如空间材质、色彩、光线、区域如何分隔的设计。用一种整体考量的设计思维将具象的设计语言巧妙运用，从而达到最极致的空间效果。不同具象的空间设计语言的采用传递着建筑及建筑空间的迥异性格。木竹质的选材贴近自然，一种还原本真的空间态度。比如我们在书中介绍的捷克布拉格的国家应用科学图书馆，它在内部空间装饰设计上采用灰色水泥的墙面材质，配以大面积的地面色彩，呈现无拘束的空间效果，在艺术空间的设计中有色玻璃、镂空板材的运用将自然光线驾驭得淋漓尽致。里尔现代艺术博物馆，它镂空的建筑外墙不仅在采光上提升了建筑的设计感，同时也巧妙地将建筑墙体通过自然光线这一投射媒介形成了室内空间的装饰元素。而在大型展示空间的设计中，通常是大型的自然博物馆或是具有大型雕塑的美术馆，他们的区域划分多冲破了平均的纵向或横向分配，以跳跃、"出格"的空间思考，让多维空间凸显立体与活跃，这些空间语言的运用特点都可以在书中找到。

本书对国外部分公共艺术场馆如博物馆、美术馆、图书馆、剧院等空间的功能需求以及更加深远的社会意义进行研究，并将空间示例进行了梳理，从中选取出一部分公共艺术场馆示例对它的概况做了介绍，并通过图片来呈现公共艺术场馆纵向和横向的空间设计语言。用感性的视觉资料来说明空间设计中存在的微妙心理情感活动和理性的艺术空间特质。为读者提供了一种寻找空间设计思维灵感以及空间美学欣赏的参考角度。

本书出版之际，我想表达对我的导师，中国美术学院周刚教授的敬意！我对本书选题的兴趣及编著此书所需具备的一些专业基础与方法，就是在读他指导下的研究生期间形成的。

刘 丹

ABC 插画和设计中心
博物馆

Museum ABC Illustration
and Design Centre

① 博物馆中庭夜景
② 博物馆入口

　　ABC 插画和设计中心博物馆坐落于西班牙的马德里，2010年正式对外开放，占地面积为 3412.50 平方米，由阿兰古伦 &加利西亚建筑事务所设计建造。它是国际级艺术馆，也是马德里的文化象征。

　　ABC 插画和设计中心博物馆拥有两个入口，主体建筑经过重建，建筑被设计为拥有一个大型透明玻璃横梁，横梁成为一个走道通向内部，内部设有餐厅，天井射下来的阳光让室内空间明亮、通透。建筑师设计了一个极具现代特色的"中庭"，同时建筑的入口空间为庭院式，庭院的水平地面与原厂房的垂直立面形成"真空受压"的"二面"空间，如此光线可从三角形孔洞结构中照进室内，营造一个晶莹剔透的建筑空间。ABC插画和设计博物馆无疑是马德里一座有趣的艺术建筑。

ABC 插画和设计中心博物馆
Museum ABC Illustration
and Design Centre

① ② 展厅空间细部

地下会议厅展览空间

保罗·贝尔蒙多博物馆

Paul Belmondo Museum

博物馆展厅走廊设计细节

　　保罗·贝尔蒙多博物馆坐落在法国布罗涅·比扬古的一座历史可追溯到 18 世纪的布切洛城堡内。城堡由一座主楼、两座翼楼和中心庭院构成。在室内展示空间的设计上，设计师充分利用建筑的已有空间和结构，将壁龛、窗户、地面、天花板统统作为展示装置或是背景，如此可以尽可能多地展示保罗·贝尔蒙多的作品，也为观众展开了不同的观赏视角。空间规划包括展厅、仓库、艺术家工作室、资料室。其中仓库的用途可依据功能需求的不同而改变，通过移除和改装形成新的功能空间，整个展厅的气氛与贝尔蒙多的作品一样经典。

博物馆走廊空间设计

保罗·贝尔蒙多博物馆
Paul Belmondo Museum

①②③④ 博物馆展示空间细部

博物馆建筑外观及入口

贝奇特勒博物馆坐落于美国夏洛特市市中心，由设计师马里奥·博塔设计建造，于2009年向公众开放，博物馆最吸引人们的是它入口处装置的设计。

博物馆收藏并展出贝奇特勒多年以来的艺术收藏品，其中包括著名艺术家：丁格利、妮基·桑法勒、毕加索、贾克梅蒂、马蒂斯、米罗、德加斯、沃霍尔、勒·柯布西耶、莱格尔等人的作品。

① 博物馆入口处
② 博物馆西侧立面

从四层看门厅的空间构成

贝奇特勒博物馆
Bechtler Museum

① ② 展厅空间细部

丹佛艺术博物馆

Denver Art Museum

建筑外观及入口

① 博物馆巨大的悬臂结构
② 博物馆雕塑平台

　　丹佛艺术博物馆坐落于美国丹佛，其建筑外形新颖、现代。它的占地面积为 16723 平方米，艺术博物馆与它周边的博物馆、市民中心、公共图书馆在功能上、美学上和谐统一。SDL 和戴维斯事务所在设计上也是充分考虑它的地理价值和文化价值。

　　丹佛艺术博物馆，所在的街区已经成为一个成熟的黄金三角街区、城市的市民中心，丹佛艺术博物馆不单单是一座建筑，更是社会公共空间的重要组成部分。它以特有的价值为城市作出贡献。如今，它已是丹佛市地标性建筑，每年吸引着成千上万的观者前往。

丹佛艺术博物馆
Denver Art Museum

① 岩层数码视频投影的空间装置
② 博物馆报告厅空间
③ 现代艺术展厅空间
④ 展厅空间细部
⑤ 楼梯道路与空间的关系

23

根津美术馆

Nezu Museum

建筑与室外环境——走廊设计细节

根津美术馆坐落在日本东京的根津家族私人宅邸。因收藏着优秀的日本及东方古董而一直吸引着众多游客前来参观。在1990年的翻新工作中，建筑师计划设计一座"哑铃"形的小城，两边环抱着森林，与其内部的清新日式花园相得益彰，这也与设计师企图将博物馆做成一项城市的设计经典，而不是一座平庸的房子的理念相呼应。翻新工程中，建筑师试图传承博物馆已有的传统元素，如通过屋顶缓坡的影子使其与周边的环境衔接起来，如此可自然而然地连接商业区和周边树林，层叠的瓦片和压低的屋檐使新建建筑和花园和谐共处，新建筑的细节设计，彰显了整体建筑与周边以及博物馆内部艺术品的相称与协调。

根津美术馆玻璃幕墙楼梯间的空间处理

① 入口大厅的空间处理
② 展览厅的空间处理
③ 根津美术馆正立面

根津美术馆
Nezu Museum

Les Nymphéas

橘园美术馆

Orangerie Museum

Collection
Jean Walter
et Paul Guillaume

美术馆内部展厅入口

橘园美术馆坐落于法国巴黎。美术馆前身是 1853 年建于杜乐丽花园内橘园的建筑物，当年残留下来的一小部分，被改建成如今的橘园美术馆。这个博物馆虽然小，但却非同一般。整个一楼前后两个展厅，只有 8 幅巨型油画，这就是莫奈于 1914—1918 年间创作的巅峰之作《睡莲》系列。除此之外，下层展厅虽然空间不大，但也是名家云集：毕加索、塞尚、雷诺阿、马蒂斯、卢梭、德兰、高更等经典作品陈设其间。橘园美术馆以收藏印象派的作品闻名全世界。

透明的天窗、高挑空间、柔和的光线，完美地展示了迷人生动的《睡莲》系列。美术馆前罗丹的著名《吻》雕像，让人们感受到罗丹与卡蜜儿那缠绵悱恻的爱。

① 陈设莫奈作品《睡莲》的椭圆形展厅空间
② 莫奈作品《睡莲》局部
③ 这里陈设了印象派的经典作品
④ 美术馆展厅空间细部

橘园美术馆
Orangerie Museum

卡地亚当代艺术
基金会

Cartier Foundation

卡地亚当代艺术基金会建筑外观

展厅空间细部

空间外部装置与空间关系

卡地亚当代艺术基金会
Cartier Foundation

① ② 展厅空间细部

卡地亚当代艺术基金会坐落于法国巴黎，由巴黎著名的建筑师让·努维尔设计，内部规划了 2 层占地 1300 平方米的展览会场。通明的玻璃外墙和钢结构，环绕着绿树和自然的庭院，在室内可以看到窗外树木葱茏、绿意盎然。

庭院中种植了 38 种树木及将近 200 种的法国草本植物，以特别的方式排列，通过植物与几个几何元素之间的巧妙安排，来表达出整体建筑概念。建筑的玻璃外墙就好像一面巨型的橱窗，并随着每一个不同的展览而变化面貌，这样的外立面设计在建筑界享有美誉。

卡斯特利翁
美术博物馆

Museo De Bellas
Art Castellon

极賦节奏的建筑立面外观局部

　　卡斯特利翁美术博物馆坐落在西班牙的卡斯特利翁市，是一座优雅神秘的建筑，用以存放和展示各个历史时期的珍贵文物和艺术品，其中包括罗马考古遗址和当代艺术。博物馆内有五个永久性展厅、一个临时展厅、艺术品存放保管区域、若干办公室区域、图书馆、档案馆、报告厅、咖啡厅、教室和一间小会议室。建筑物外形复杂，垂直和水平的条纹板块为建筑物庞大外墙添加了一种几乎形成明暗线条的特殊质感。馆内大量使用木材，墙壁洁白，采光方式巧妙，将自然光和外部景色出人意外地带入五层展馆，光线从百叶窗玻璃区和乳白色半透明玻璃窗中映入建筑内部。

卡斯特利翁美术博物馆
Museo De Bellas Art Castellon

① 展示空间的分布关系
② 镜面玻璃在空间中的作用
③ 展厅空间细部

里尔现代艺术博物馆

Lille Modern Art Museum

博物馆展厅陈设细书

里尔现代艺术博物馆坐落于法国维伦纽夫一个美丽公园内。原有的建筑是由罗兰德·西蒙尼特于1983年设计完成。重新设计的扩建部分位于老建筑的北侧和东侧，空间形状如扇形，类似扇骨折叠起来的部分遮蔽了餐厅的结构，扇骨展开形成了五个原生艺术作品展厅。在展厅的末端，巨大凸窗将公园周边的壮丽景色展示在观众眼前。建筑外形采用混凝土材料，线条和网状屏风的装饰，令人印象深刻，具有极佳的视觉效果。整座建筑充满生机。扩建的建筑环绕在原建筑的北部和东部，以扇形排列组成了空间内的有机体块。一方面，风扇肋拉伸出一间咖啡餐厅，面向中央庭院打开；另一方面，肋之间间距更大，可以为五家画廊提供足够的场地。

① 夜晚中的建筑灯光效果
② 镂空外立面的室内光影效果

里尔现代艺术博物馆
Lille Modern Art Museum

① ② ③ 展示厅空间细部设计
④ ⑤ 展示空间陈设分布

博物馆外观

朗格多克当代艺术博物馆坐落在法国朗格多克——鲁西永地区的小镇上。朗格多克艺术博物馆能够提供2700平方米的展览空间，拥有不同功能的空间区域，如：美术室、视频多媒体空间、儿童活动区块等等。2010年，它又重新扩展出500平方米平台。朗格多克当代艺术博物馆全心全意地想为参观者营造一个真正完美的博物馆。它在不断努力中。

① 展厅空间细部
② 彩色玻璃营造的室内空间效果
③ 展厅空间陈列设计

43

博物馆展厅空间

朗格多克当代艺术博物馆
Languedoc-Roussillon Regional Museum of Contemporary Art

①②博物馆展厅空间

博物馆空间中的陈列展示设计

朗格多克当代艺术博物馆
Languedoc-Roussillon Regional Museum of Contemporary Art

① ② 博物馆陈列展示的空间设计

罗森塔尔
当代艺术中心

Rosenthal Center For
Contemporary Art

冲击感极强的几何建筑外观

罗森塔尔当代艺术中心位于美国俄亥俄州辛辛那提，这座建筑也是由女性建筑师扎哈·哈迪德设计的第一座美国重要博物馆。该当代艺术中心并非收藏机构，而是组织和举办非永久性展览、展示艺术装置、举办演出的场馆。博物馆采用带细纹的长条板块对齐邻近一栋历史建筑的楼层平面和飞檐，以表达敬意。哈迪德挑战重力逻辑，将混凝土和钢板体块置于玻璃之上。哈迪德将交错纵横的体块用预制水泥板和黑氧化铝板包裹，建筑的立面凹凸错落，巧妙组成充满活力的体态，在辛辛那提市中心静态建筑中可谓独树一帜。

罗森塔尔当代艺术中心
Rosenthal Center
For Contemporary Art

① 展品的展示方式与空间关系
② 展厅空间
③ 楼梯装置被空间巧妙利用
④ 横向、纵向的空间关系

马蒂斯博物馆

Matisse Museum

马蒂斯博物馆一角

① 马蒂斯博物馆外观
② 展示绘画及雕塑的阁楼

马蒂斯博物馆位于法国尼斯的西米埃园的橄榄树林内。这座 17 世纪时期的热那亚式别墅已经全面翻新，是以前坎布雷大主教的别墅。1999 年在多米尼克·斯吉姆基亚克馆长的领导下，开始对博物馆进行改造和扩建，于 2002 年 11 月 8 日重新开放，新馆扩建了一个侧翼，它的面积从 860 平方米增加到 2400 平方米，现在它拥有 17 个展厅。馆内展出了著名野兽画派画家马蒂斯的作品珍藏。马蒂斯自 1917 年大约 47 岁时抵达尼斯，他对尼斯透明细致的光线极为热爱，所以一待就是 38 年，直到 1954 年 85 岁高龄去世为止。馆内收藏了马蒂斯不同时期的作品，包括 236 幅画作、218 幅版画及由他设计插图的全套书册，其中包括著名的《蓝色裸体 4 号》及石榴静物画等画作，博物馆空间陈设让人们可以充分领略这位画坛大师的艺术精粹。砖红色的外墙呼应老博物馆暖色调的门饰，水平带窗玻璃使得充沛的自然光投进室内，确保室内空间的采光和通风。从一楼阳台俯瞰花园，人们会发现马蒂斯博物馆是建在"花园里的博物馆"。

① ② 博物馆展厅空间细部

① ② ③ 博物馆展厅空间细部

马蒂斯博物馆
Matisse Museum

梅森特艺术博物馆

Mecenat Art Museum

博物馆内部展厅空间

　　梅森特艺术博物馆坐落在日本广岛，由 naf 建筑设计公司的设计师中园哲也于 2010 年设计建造。博物馆的外形极具特色，造型和细节设计让观者眼睛一亮。它的面积不大，仅 100 平方米，可在它不大的躯壳内，空间的营造设计新颖、巧妙。不规则的四周墙壁并没有限制设计师对室内空间的掌控，自然光的焦点采光和顶灯的射光让空间柔亮，缝隙透进的光线，玻璃外射进的碎光让空间温馨又神秘。

① 博物馆北侧立面
② 博物馆展厅空间细部

梅森特艺术博物馆
Mecenat Art Museum

① ② 博物馆内顶部空间装置

奥赛博物馆

Orsay Museum

博物馆标志性内景

博物馆内部空间

　　奥赛博物馆是一家国立博物馆，位于法国巴黎塞纳河左岸，与卢浮宫和杜乐丽花园隔河相望。博物馆 1986 年底建成开馆，坐落在建筑师维克多·拉鲁为 1900 年万国博览会设计修建的火车站中，馆内主要陈列 1848 年至 1914 年间创作的西方艺术作品，包括绘画、雕塑、装饰品、摄影作品、建筑设计图在内的精彩藏品，展示出一个现实主义、印象主义、象征主义、分离主义、画意摄影主义等流派大师辈出的时代所具有的令人难以置信的艺术创造力。

　　奥赛博物馆是由废弃多年的奥赛火车站改建而成，改建后的博物馆长140 米、宽 40 米、高 32 米，馆顶使用了 3.5 万平方米的玻璃天棚。博物馆实用面积 5.7 万多平方米，共拥有展厅或陈列室 80 个，展览面积 4.7 万平方米，其中长期展厅 1.6 万平方米。

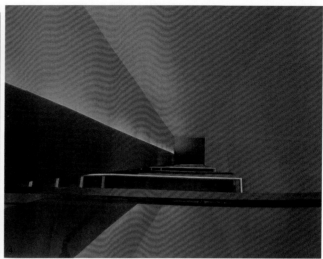

① 博物馆内的雕塑展示
②③ 博物馆展厅空间
④ 博物馆空间色块与光线的关系

奥赛博物馆
Orsay Museum

奥赛博物馆
Orsay Museum

① 逆光下的钟楼
② 博物馆展厅内部空间
③④ 博物馆展厅空间细节

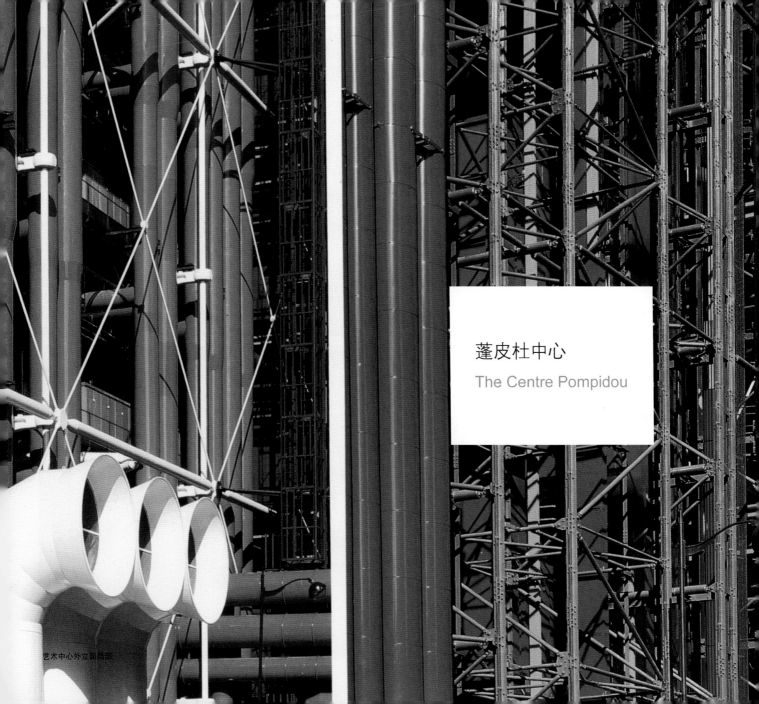

蓬皮杜中心

The Centre Pompidou

艺术中心外立面局部

建筑顶部空间内装置

蓬皮杜艺术中心坐落于法国巴黎，1977年皮亚诺与他的英国搭档理查德·罗格斯以乔治·蓬皮杜中心震惊了整个建筑界，这座高科技建筑物矗立于巴黎的市中心。活泼亮丽、五彩缤纷的通道，加上晶莹透明、蜿蜒曲折的电梯，使得蓬皮杜中心成了巴黎公认的标志性建筑之一。这座上下五层、占地近百万平方米的文化中心，包括专门收藏现代艺术的博物馆、临时展厅、电影院、音乐厅、多媒体图书馆和档案馆，以及壮观的观景屋顶。每天2.5万游人使蓬皮杜中心立即成了这座城市里最受欢迎的建筑物。

蓬皮杜中心
The Centre Pompidou

中心广场的现代雕塑

蓬皮杜中心外立面特写

①

②

① 博物馆楼层、阶梯的空间关系
②③④ 博物馆展厅空间细部

蓬皮杜中心
The Centre Pompidou

奇亚斯玛当代艺术馆

Kiasma Museum of
Contemporary Art

当代艺术馆外观

奇亚斯玛当代艺术馆是一座位于芬兰赫尔辛基的当代艺术馆。1998 年奇亚斯玛开馆，成为纽约建筑师霍尔最大的建筑作品之一。霍尔设计的核心思想之一就是采光。利用光反射作为建筑采光的关键。霍尔利用建筑的几何形状将自然光线送达至所有二十五个展厅。由于艺术馆内的展厅大小和形状均各不相同，霍尔将建筑物称为"由房间组成的画廊"。建筑的几何形状复杂交错，无法将它视为一个单一整体。霍尔使用了一系列的材料来装饰各个立面，这样人们看见的是一个移步换景的奇妙建筑。

空间关系对墙面的利用

① 展厅空间与作品的关系
② 屋顶的采光

奇亚斯玛当代艺术馆
Kiasma Museum of
Contemporary Art

空间中楼梯的处理

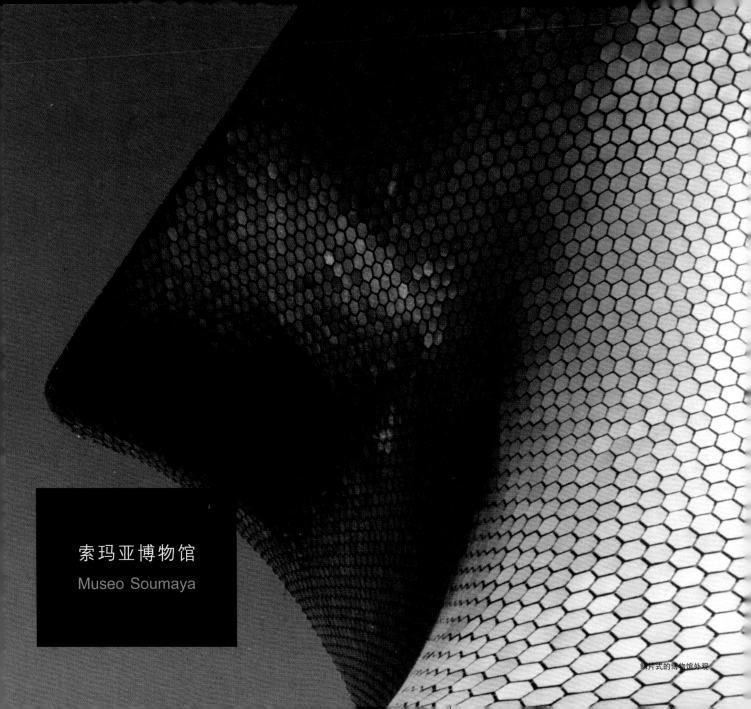

索玛亚博物馆

Museo Soumaya

鳞片式的博物馆外观

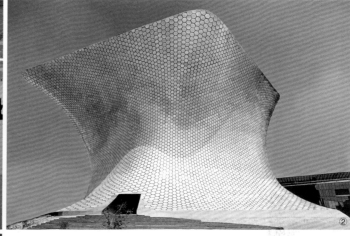

　　索玛亚博物馆是墨西哥城的第一座艺术博物馆，它于2011年建造完工并对外开放。设计师费尔南多·罗梅罗为这座博物馆设计了当代感十足的外型，它所收藏和展示的是具有国际艺术标准的艺术品。博物馆占地面积16000平方米，可供展示面积达到6000平方米。博物馆分为五层，配有可容纳350人的礼堂以及图书馆、办公区域、餐厅、休息大厅等。建筑外立面几乎为全封闭的，只留有几处小型开窗，28根弯曲的柱子支撑建筑，每层有七根横梁与柱子相接，这样横梁将柱子与地面、屋顶连接。

舒拉格现代美术馆

Schaulager Museum of
Contemporary Art

美术馆室内屋顶照明灯光

HERZOG & DE MEURON
NO.250

舒拉格现代美术馆创建于 1933 年，是坐落在瑞士巴塞尔的一座集艺术品存放、展览和研究中心为一体的现代建筑。这里展示了霍夫曼基金会收藏的萨尔瓦多·达利、保罗·克利以及其他 150 多位艺术家的艺术品。从外形看，舒拉格现代博物馆是一个极具戏剧性的四层雕塑方盒，覆盖的混凝土具有特殊质感。建筑物的混凝土侧墙上有一条带状的长缝向内切入，边缘不整齐，使得外立面看上去更像出土文物，建筑物与周围环境天然浑成，建筑整体看起来仿佛从大地上生长出来。同时，这幢新建筑活力充沛，高效实用，改变了人们对仓库和博物馆空间的认识。

美术馆建筑外观

79

① 美术馆内空间的照明
② 紧凑的小剧场空间
③ 通过装置划分空间区域

汤米·温格尔博物馆
Tomi Ungerer Museum

博物馆中旋转楼梯构成的空间

博物馆楼梯与平层的空间关系

　　汤米·温格尔博物馆位于法国阿尔萨斯大区斯特拉斯堡市，2007年对外开放。汤米·温格尔出生于法国斯特拉斯堡，他是通晓英文、德文、法文三种语言文字的插画家和作家，他已经发表了140本图书，以尖锐的社会讽刺和幽默诙谐的语言著称。温格尔博物馆位于一栋名叫格瑞那的别墅内，这是一栋建于1884年的古建筑，在19世纪经过重新修建。原有的建筑外观得以保留，其展品分布在别墅内的三个楼层内。将窗户作为了一个接口，以应对博物馆的新格局，弯曲的走道穿过花园，在里面，原有房间的比例得以保留，白色的天花板，地板和墙壁给人们一个"白立方"的视觉效果，这使得展示的作品格外突出。馆内展示了约8000件汤米·温格尔作品，以及他的好友漫画家索尔·斯坦伯格、隆纳德·赛尔和安德烈·弗朗索瓦的作品，还有他收集的大量古玩。

① 博物馆空间陈设细部
②　③ 展品展示形式与空间的关系

汤米·温格尔博物馆
Tomi Ungerer Museum

③

维多利亚和
艾尔伯特博物馆

Victoria & Albert
Museum

博物馆空间中现代与古老元素的融合

　　维多利亚和艾尔伯特博物馆坐落于英国伦敦，收藏中世纪文艺复兴时期的藏品，维多利亚和艾尔伯特博物馆在藏品的数量和质量上都是举世闻名的，而新建的展厅也因充分利用了藏品数量上的多样性和展示众多独特作品的杰出美学价值而被称赞。由于原有展厅空间布置将部分展厅与博物馆其他部分隔绝开来，缺乏了整体视觉上的联系，并且因为楼层的变化，空间使用效率也受到了严重的影响。此后设计师移除原有楼梯，全新配置了以前从未使用的天井，营造一个全新的垂直"交通枢纽"和日光展厅，同时也解决了通道问题。为了避免参观者的审美疲劳和强化博物馆的叙事氛围，博物馆增强了对比灯光效果和空间节奏，重新构建了各色物品的摆放秩序。

① 文艺复兴之城——神圣展厅空间
② 宗教与帝权展厅空间
③ 文艺复兴展厅空间

87

①

维多利亚和艾尔伯特博物馆
Victoria & Albert Museum

① 博物馆走廊空间设计
② 博物馆展厅空间细部

移动艺术馆

Mobile Art Pavilion

艺术馆内部装置

移动艺术馆位于法国巴黎。艺术馆由香奈儿捐赠，将帮助推广多元文化的交流活动，并将以主人的身份展示来自阿拉伯国家具有天赋的设计师、艺术家以及建筑师的作品。

建筑结构的形态既包含概念上的随意性，又具备功能上的考虑。流动的几何形体和有机的线条组成了一个流动且充满张力的空间，这里充满了光线与黑暗的对比、内部与外部的对比、自然与人工的对比。起伏的表皮与流动的体积汇集一点，通过扭曲、起伏的外形，表达着造型线条与形式逻辑的融合，不仅重新定义着每个展示空间的品质与感受，而且引导着参观者的路径。

夜色中的艺术馆建筑

空间内的流线型展示形式与装置

艺术馆展厅展示的语言

移动艺术馆
Mobile Art Pavilion

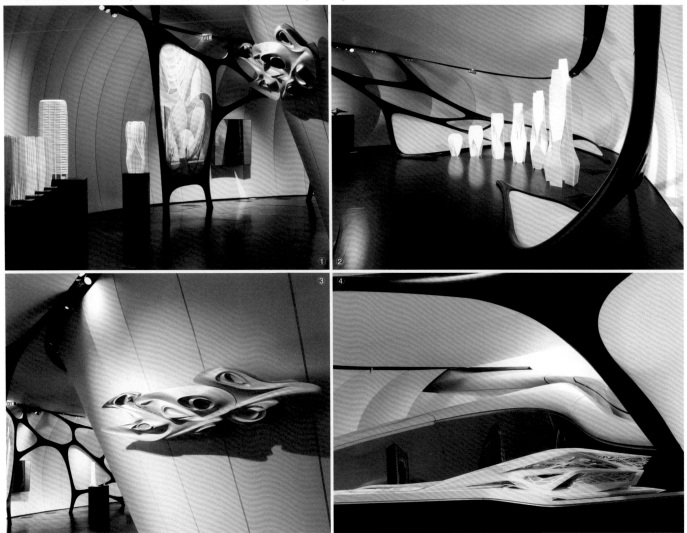

① ② ③ ④ 艺术馆展厅展示的细部

移动艺术馆
Mobile Art Pavilion

室内装置与展品空间关系

阿拉伯公共图书馆
Arabian Public Library

图书馆外观

玻璃墙下的自然采光

阿拉伯公共图书馆坐落于美国亚利桑纳州斯科茨代尔市。这座图书馆的设计灵感是北亚利桑那州沙漠里峡谷的造型。建筑师希望体现出一种精神，一种在石壁间突出向天空挺拔的力量。这座充满了力量的图书馆建筑与身处的周边环境完美融合。建筑围绕中央庭院布局，建材选取钢与玻璃，顶部的风化钢板自然地折射成石墙的赤陶色，屋顶用石材和土壤相结合，并种上了沙漠里常见的适应性植被，这与建筑里露天地面的植被呼应。建筑的外围采用可循环棉质隔离材料和穿孔硬板，在功能上可以隔绝噪音，保障室内安静的阅读环境，在外观上满足了"峡谷"的色彩。图书馆的西侧与南侧均有一个"峡谷庭院"，这将图书馆的休闲区域伸展至室外，整个图书馆面向沙漠与蓝天。在这样一个地理位置独特，风格独特的图书馆，身心也会像这座建筑一样向着沙漠与蓝天舒展。

① 图书馆室外环境与建筑的空间关系
② 暮色时分的建筑
③ 峡谷状的外墙
④ 建筑内部空间
⑤ 建筑外部空间构成

阿拉伯公共图书馆
Arabian Public Library

阿拉伯公共图书馆
Arabian Public Library

阅读空间

① 阅读室金属的椅子与环境的关系
② 小会议室屋顶的几何照明体对空间的作用

博肯黑德图书馆
与市中心大厦
Birkenhead Library and
Civic Centre

① 接待台的镂空板材
② 西北侧外立面夜景

这座图书馆坐落在新西兰奥克兰市博肯黑的一片保护区里。它的存在使得现代化建筑与古老的生态环境有了一个交叉点。它的设计与大自然相呼应，充分利用自然的采光，让室内的空间在采光上会随着一天中时间的变化而发生着微妙的变化；而到了夜晚，整座建筑显得明亮而通透。

在建筑的材料使用上，设计师采用了砖材用于室内外的墙面，砖的使用让建筑内外元素统一和谐，同时也是向同是采用砖材质的一家该地已有的儿童福利协会——普朗凯特协会致敬。立面采用阿拉斯加黄扁柏木的复合板与木栏杆。引人注目的是在建筑南侧立面的内部有一面用激光切割的板材屏风，天花板同样是镂空的板材，立面与顶面呼应，午后时分透进来的光影斑驳，与建筑外的古树叶影互映，镂空独立理性的建筑与自然相平衡。

博肯黑德图书馆
与市中心大厦
Birkenhead Library and
Civic Centre

① 一楼、二楼藏书空间
② 半透明屋顶
③ 周围景观与建筑相融合
④ 阅览区与藏书区

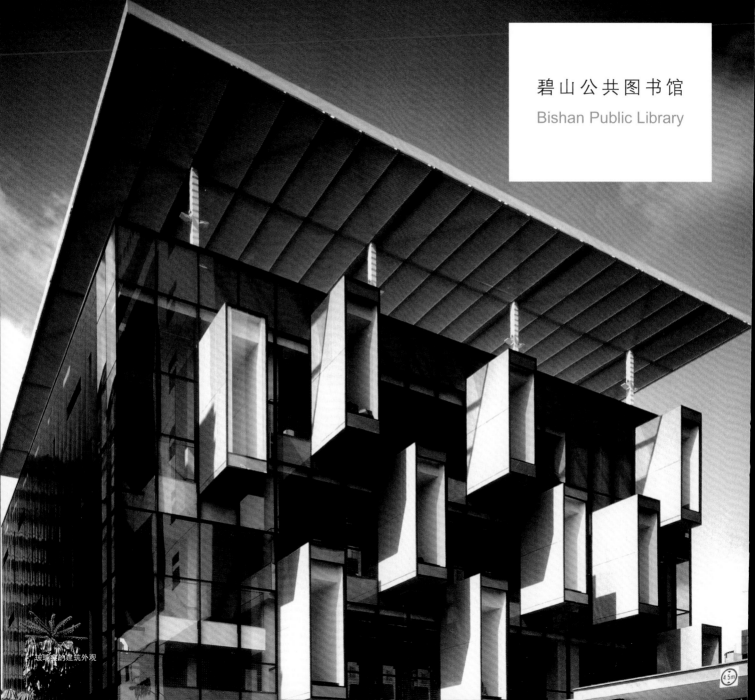

碧山公共图书馆
Bishan Public Library

玻璃窗的建筑外观

碧山公共图书馆坐落在一个成熟的新加坡卫星城市碧山。所以它的建筑要求显然要符合对空间的高效利用，这也使建筑的设计极富特色。建筑的正立面上有几处彩色玻璃的凸起部分，在图书馆的内部有些体量适宜的壁龛。玻璃本来便会使得空间通透，提升空间的视觉效果，又是在纵向的立面上强调了空间体验，彩色的玻璃空间凸出于建筑外立面，它将人"推"向另一个空间的同时又形成独立安全的个人空间，这实在是让人眼睛一亮的设计。

当你进入空间中，你会发现室内空间开阔，楼板之间只有一个公用电梯与楼梯相连，通过张力楼板的使用，减少了柱子的数量，让平面的使用空间效率提升。

这座图书馆打破了传统图书馆储藏的朴素外貌，它更显得现代，让建筑的空间用感官去体悟，用空间营造阅读的奇妙氛围。

① 建筑的玻璃立面
② 玻璃壁龛外观

壁龛的内部细节

阅读室的空间细部

碧山公共图书馆
Bishan Public Library

捷克国家
应用科学图书馆

Czech National
Technical Library

21 m

NTK 1

图书馆外观

　　捷克国家应用科学图书馆位于捷克首都布拉格。这座图书馆建筑是一个方圆柱形状，这样的外观设计是为了体现图书馆的庄严，但同时没有牺牲掉建筑的时尚感。

　　建筑一共九层，包括地下三层的书库，技术室、供应室和停车场，地上六层中一、二层为图书馆入口及主体部分，除此之外是一系列的铺助功能区，包括会议室、展览厅、自助餐厅、书店及衣帽间。设计师是希望将这座建筑在使用功能上不仅仅是单独的图书馆，而且可以成为一个供民众沟通交流的公共开放空间。

　　建筑空间内采用水泥原色墙面而不加多余的修饰，而地面则大胆采用彩色色块，让严肃的建筑多了几分活泼，也使得人们心情明朗，或许这样的设计，才能真正地体现空间的含义。

① 图书馆东立面
② 图书馆北侧

图书馆层栏上壁画元素的设计

捷克国家应用科学图书馆
Czech National Technical Library

学习区大色块地板与水泥墙面的对比处理

魁北克图书馆
Quebec Grand Library

阅读室空间

①② 楼梯的垂直结构

魁北克图书馆位于加拿大蒙特利尔。图书馆拥有 37000 平方米的建筑面积，大致由综合图书室、儿童图书室、魁北克图书室三大部分构成。图书馆为了可以紧密连接城市的脉络，不同于以往单个出入口的图书馆设计，拥有多个出入口，让建筑与城市生活的"入口"接轨。这无疑也是将图书馆功能与属性延伸。这让魁北克图书馆功能与属性成为新的城市文化元素。而图书室与扩展层之间的一条人行道是图书馆的安保重点，如此解决了多入口的安全隐患。魁北克图书馆内部空间分布也有所创新，突破了传统图书馆的藏书区与阅读区的摆放形式，利用顶部采光将阅读区摆放在空间中央，四周用来摆放藏书架。而木制的百叶式的隔断设计让这个"交通"灵活的建筑多了几分端庄与稳重。

魁北克图书馆
Quebec Grand Library

① 图书馆阅读室
②③ 楼层与楼梯空间关系

莱昂·德·格利弗
公共图书馆

Public Library Leon de
Greiff

图书馆鸟瞰图

图书馆东南侧正方形的建筑体块

　　莱昂·德·格利弗公共图书馆位于哥伦比亚的麦德林拉拉德拉。这座图书馆的设计意图是为了将城市与生活相连通，为人们提供更为充分的生活空间。更多开放式空间是设计师最好的选择，所以建筑包括了小型的开放式礼堂、"观景台"、小广场、屋顶的运动场。

　　建筑由三个旋转的正方形模块组成，方形模块的一部分有遮阳板，通过两个直角的混凝土柱子支持。图书馆露天与不露天的空间巧妙区分，加上设计师用心的造景设计，让空间内部层次多样化，环境轻快舒适。

　　当你走近其中藏书室的服务台，绿色的颜色选配格外惹眼，圆润的鹅卵石造型让这个棱角方正的建筑和谐了不少。

　　夜，站在图书馆屋顶的开放式观景台，手中捧一本书，抬头看看城市的万家灯火，可享受，可思考。

莱昂·德·格利弗公共图书馆
Public Library Leon de Greiff

伦敦图书馆

The London Library

伦敦图书馆是世界上最大的独立借阅图书馆，馆藏 100 万册图书。建筑的外形有着英式的庄严，而内部空间却柔和包容了许多。

自修建以来，因图书馆的馆藏需要解决和其他功能空间的局促问题，又前后修建了几座藏书楼，其中的藏书楼后方的安斯特拉瑟楼专门用于收藏珍稀图书。

当进入图书馆，你似乎走入了一个传统英式人家的书房，讲究的陈设、精致庄重的装置令人印象深刻，当然这是个无比巨大的"书房"。但你若是认为这整座伦敦图书馆都是这么复古你就错了，它在古典中平衡着现代设计美学，在视觉和使用体验上都是新颖和有趣的。

① 从楼梯看借阅大厅
② 詹姆斯街广场的入口

伦敦图书馆
The London Library

①② 艺术类图书室——现代与古典的空间设计融合
③ 会员休息与普雷沃斯特专属区相连
④ 主阅览室——既是书墙也是背景
⑤ 会员阅览室

媒体图书馆
Media Library

图书馆独特的玻璃装置

① 玻璃层顶和楼梯
② 俯看信息广场

这座图书馆坐落在荷兰代尔夫特文化广场上，而图书馆正门的 10 米高玻璃装置，可以在建筑外看清馆内的布置和在楼梯上来来往往的人影。这繁忙的景象不仅成了文化广场的一景，也是图书馆的一个广告。

在空间上，图书馆的上方是一个宽度横跨整个馆的玻璃屋顶。在建筑上采用玻璃并不算是特色，这座图书馆通过设计，使这个玻璃屋顶的空间呈现了一条光道就显得尤为有意思了。"光道"是照明设计师斯文德·潘耶设计的，成就了不一般的光照。光道在视觉上让空间更加活跃生动。另外，媒体图书馆各个区域空间的用色和元素都是别具特色。

空间中装置的摆放和可移动的图书陈列将空间中的区域功能区分开来。

① 图书馆借阅区
② 图书馆休息区
③ 形状不规则的黄色咨询台
④ ⑤ ⑥ 图书馆阅读区
⑦ ⑧ 多媒体阅读区

媒体图书馆
Media Library

明斯特李奥纳多校区
建筑、艺术与设计
图书馆

Library for Architecture,
Art and Design,Leonardo
Campus, Muenster

可移拉布帘划分出新的独立空间

图书馆夜景

坐落在德国明斯特的李奥纳多校区建筑、艺术与设计图书馆，原来所处位置是一个骑兵的兵营。而设计师巧妙地利用骑兵营的马厩改建为图书馆。幽默的设计是原来马站在马厩里的位置现在被书代替了。

设计师采用大面积的玻璃幕墙，并用玻璃肋板来加固。玻璃幕墙的设计也让这个图书馆成为了校园里的标志和焦点。特别是在夜晚，通透明亮的玻璃带图书馆让整个校园缤纷灿烂。

由于明斯特是一个经常下雨的地方，细心的设计师特意设计一个露天的槽，这样可将收集起来的雨水顺着玻璃幕墙流淌下来形成一道水幕景观，再流入建筑前方的凹沟回归大地。

室内的空间，通过可移拉的布帘便可轻松地将空间在开放与私密小型空间或会议空间之间转换，设计简单明朗，十分适合年轻人的快节奏。

明斯特李奥纳多校区
建筑、艺术与设计
图书馆

Library for Architecture,
Art and Design,Leonardo
Campus, Muenster

① ② 可移拉帘布可划分出新空间
③ ④ 图书馆空间细部
⑤ 图书馆藏书区空间布局与家具细节

尚佩恩公共图书馆
Champaign Public Library

夜色下的图书馆

尚佩恩公共图书馆位于美国伊利诺伊州，图书馆总建筑面积为11240平方米，耗资2200万美元。图书馆建在地势较高的大草坪上，草坪一边是图书馆停车场，一边是图书馆。图书馆分为三层，一楼为青少年区，一楼的休息区也是人们交流的理想场所，二楼为成人区，三楼为办公区。中央的中庭有两层的通高，这里是整个尚佩恩公共图书馆的门户，也是主入口，从这里可以走进图书馆的每一个区域。

你从建筑的外表的外立面上就能看出建筑整体的区域功能的分布，整个外立面采用了玻璃、砖、石灰岩、铜材质。外立面通透的玻璃与砖、石灰岩、铜这些硬朗的材料相对比融和，在平衡的同时，视觉的体验感极强。

① 图书馆东南侧
② 图书馆阅览区

垂直建筑结构

尚佩恩公共图书馆
Champaign Public Library

① 图书馆自习区
② 图书馆期刊杂志区
③ 图书馆休闲区

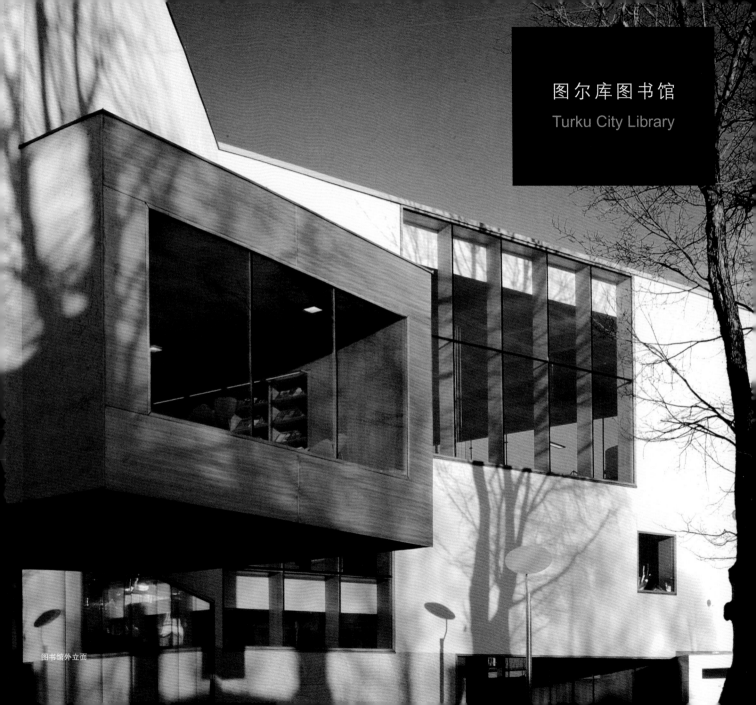

图书馆外立面

芬兰的图尔库市图书馆位于城市的中心，它是在原有的建筑基础上扩建而成的。图书馆需要与周边具有珍贵历史文化价值的城市环境相协调，并且要展示当代建筑的时代价值，建筑的外立面主体为灰色，起先考虑为了与老图书馆相呼应也同样采用红砖，但这个想法最终被放弃，决定仅保持老图书馆是这个街区唯一的红色砖体建筑。图书馆的公共空间设置在二层楼上，一楼是接待处和休闲区、儿童区、青少年区，还有现代感的期刊阅览室，命名为"新闻市场"，这里也是新老图书馆的连接地带。图书馆的室内布局设计是极具前卫性的。为了将来新媒体的引入，空间布局会随之调整，所以设计师选用大量的可移动式家具装置，如此便可轻松改变空间的功能。这样的巧妙设计一定会给人们一个惊喜。

① 图书馆西侧全景
②③ 图书馆阅读区

① 图书馆藏书区的空间
② 图书馆藏书区的空间
③ 儿童活动空间
④ 图书馆阅览室

图尔库图书馆
Turku City Library

阅览区与藏书区的空间关系

国际传统艺术
表演中心
International Performing
Arts Center

表演中心建筑外观

① ② 剧场内部的区域层次划分效果
③ 屋顶的空间设计
④ 在考虑音效的同时拥有空间形式感

这座坐落在英国伯明翰的艺术表演中心由尼尔·克拉汉姆领导的一个年轻设计师组成的设计小组，利用阿泰尔克声学研究组研究的声学模型，并且依照几何结构进行设计。剧场内部空间的设计通过观众席的细长隔板伸展至墙体，形成了以建筑为主轴的几何形状，这样的设计考虑使空间在视觉上完整流畅。设计师采用了"小瀑布"式的墙体装饰，将室内的声音高点与边墙的低位点相呼应，成为一种空间对声音修饰的装置，在包厢、观众席的底部和基座边墙采用反射声音效果极好的花岗岩。整体建筑完整诠释剧院的实际功能价值，观感与听觉浑然一体，尽享其中。

霍特表演艺术中心

Holt Performing
Arts Center

艺术中心剧场空间

松树林式的建筑外观

    这座由设计师哈苇·霍兹曼·费弗尔设计的特色建筑位于美国俄勒冈州尤金市。而建筑的设计灵感就源于这座城市周围无所不在的松树林。

    在艺术中心的重要组成部分中，音乐剧场的空间设计被定义为"浪漫式"风格。剧场的空间好似用从大梁连结处到网线边缘的条纹织连起来，顶部与边墙像"编竹篮"一样的编织在一起，如此观众有了一种被环抱的亲切感，这些条纹是具有吸收性和发射性的材质，这样也提升了剧场音响效果。剧场中的座位席被设计在斜倾在包箱中层与边层之间，空间的分布相互区分明确却又不显得那么生分。听众身处其中不仅仅享受音乐的优美，更是在享受剧场空间带给他的温柔。

霍特表演艺术中心
Holt Performing Arts Center

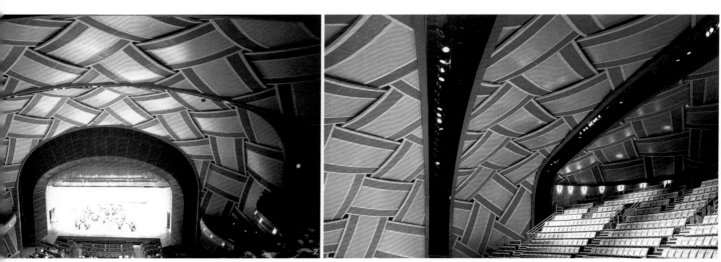

① 表演中心内部空间全景
②③ 编竹蓝式的空间造型

山波剧院

Shan Bo Theatre

山波剧院建筑外观

① 剧院观众席区域
② 烘托式的剧院空间设计

山波剧院
Shan Bo Theatre

山波剧院，位于日本 Minawi。它的设计师黑川纪章对纯几何的建筑造型情有独钟，剧院的屋顶为波浪形，为与剧院周边的木津河相呼应，设计师通过一个矩形的倒拱半圆形装置来起到防雨的效果，向北是进入剧院的通道，通道两边是一系列高耸的正方形塔楼式建筑，塔楼两侧延伸着一排颇有气势的楼梯。

黑川纪章认为将历史悠久的建筑变形，分隔成类似几何图形就是将建筑抽象化，如此，建筑的原本蕴意被重新组合建筑，建筑就有了新的潜能。

剧院的大厅里用玻璃建造了走廊，当人们行走在走廊上时便可以透过窗户眺望到远处的木津河。

黑川纪章说："建筑艺术是通向诗歌王国的途径。"

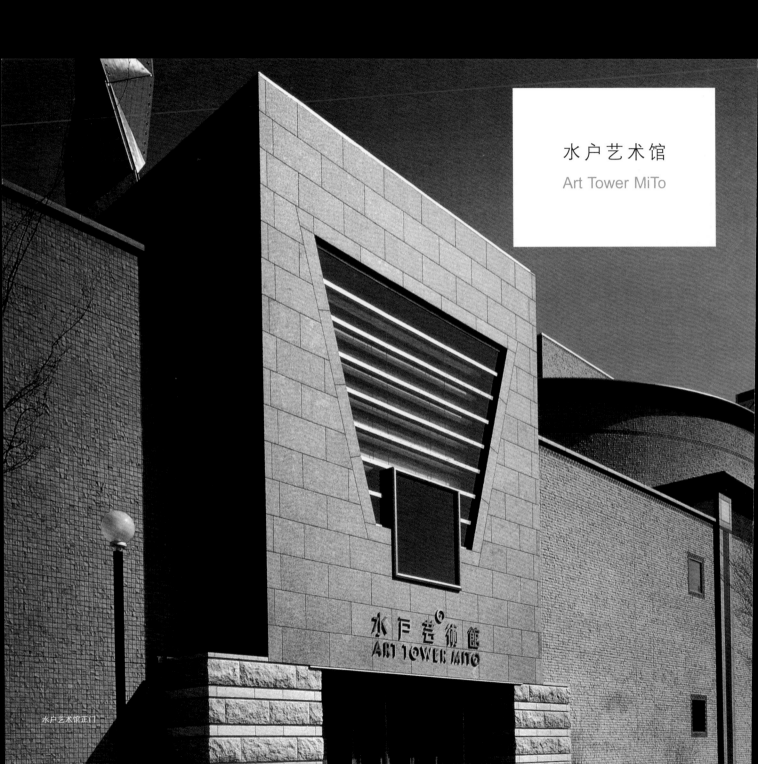

水户艺术馆
Art Tower MiTo

水户艺术馆正门

　　水户艺术馆位于日本水户，矶崎新在近些年剧院的设计中都带有欧式建筑的风格，在水户的这座艺术馆也体现出传统城市广场上的欧式建筑特点。

　　水户艺术馆四方形的广场呼应着四周的城市建筑，这座建筑四面互相连接，南部开放可供行人通过。设计师控制着建筑扩展的区域范围以使得建筑更亲近于自然。建筑中最能展现设计师蕴意的是高度达到 100 米的扭曲胶片形状的塔楼。在夜幕中，塔楼在内部以及底部灯光的衬托下光彩夺目。其西侧依次建有剧院、音乐剧院和时代艺术馆。通过艺术馆便是矩形的中央大厅，右侧为剧场，左侧为音乐会剧场。剧场内部演出区域与看台遥相呼应，矩形与曲线状的平面相交，室内空间效果完整统一，意在强调演员与观众的对等性。整个建筑群中几座反差极大的几何外形的独立建筑，使建筑群的"阴阳"平衡，如此的节奏感让建筑的设计更显生动活泼。

水户艺术馆
Art Tower MiTo

埃森纳赫巴赫
博物馆

Bach House Eisenach
Museum

展厅乐器展示空间

埃森纳赫城市全景墙

位于德国的埃森纳赫市巴赫展览馆始建于
1907 年，展览馆的目的是为了纪念巴赫和对巴
赫作品进行更好的研究。在 2007 年由布鲁克纳
工作室重新设计，这次对展厅的设计着重在于
展示巴赫的情感、精神和音乐才能方面的内容。
新建筑主要是以旧建筑为基础建造而成，新建
筑内部空间的展示设计上突出音乐体验，展示
的每一个环节与元素都像是一首乐曲上的音符，
空间布局节奏感强烈，在展示形式上添加了每
小时一次的解说与演奏，访客也可以自己坐在
过渡区的泡泡座椅上聆听巴赫的 5 首经典作品，
使得展览的效果达到最佳。

埃森纳赫巴赫博物馆
Bach House Eisenach Museum

① 步入式展览空间和 5 种聆听巴赫的方式
② ③ ④ ⑤ ⑥ 展厅陈列细部

阿尔贝托·马提尼
博物馆

MAM. Museum Alberto
Martini

博物馆陈列空间细部

阿尔贝托·马提尼博物馆就坐落在这位平面艺术家和插画家的故乡，意大利特雷维索的欧德尔佐。在陈列展厅的展示手法上，运用有序与无序的形式，将细长抛光不锈钢讲台与一张随意摆放着书籍与纸张的长桌放在一起，通过对比，很好地呈现了展示的视觉效果，阿尔贝托·马提尼用它精确而执着的方式向人们讲述着但丁的世界，而设计师又用空间的展示语言讲述着阿尔贝托·马提尼的故事。

博物馆内部陈列空间

① ② ③ ④ 博物馆内部陈列空间

阿尔贝托·马提尼博物馆

MAM. Museum Alberto Martini

宝马博物馆
BMW Museum

黄昏时的宝马博物馆和办公楼

宝马博物馆坐落于德国的慕尼黑。汽车博物馆在世界范围内也有很多。而坐落在慕尼黑的宝马博物馆无论是展示形式、空间构成都更加充分地诠释了汽车博物馆现代与动态的功能特点。这也吸引了每年200万游客到此参观。建筑的外观采用玻璃外墙的一体式设计空间，内部白色的墙面使得展示区域空间通透明亮。展厅依据不同的展示主题进行分区，展示的逻辑顺序为设计、公司、机车、技术、汽车运动系列和品牌，各个展厅具有各自陈列特色，从而烘托各展厅主题。入口巨大的"通道"可以纵览整个展厅，这也是主题博物馆强化主题的主轴设计的巧妙之处，在这里横向和纵向的主题多元丰富又有总体的内在联系，既引发了参观者的好奇，又向参观者宣传了品牌，这是一座再完美不过的宝马汽车品牌"广告"了。

① 纵向视角可观看到的宝马汽车展示空间
② 博物馆环形空间

宝马博物馆
BMW Museum

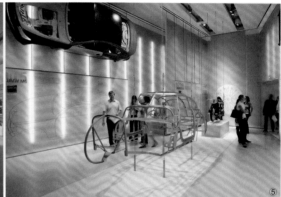

① 宝马汽车发展史展示空间
② 博物馆内部展示空间
③ 引擎／发动机展示空间
④ 系列产品展示空间
⑤ 轻型车技术工艺展示空间

布朗利码头博物馆

Qual Branly Museum

布朗利码头博物馆外观局部

博物馆内部展示空间

布朗利码头博物馆位于法国巴黎。博物馆以"码头"的隐喻为切入点，主要展出非洲、大洋洲、南美洲、亚洲的异域民族文化与原始艺术的收藏。象征着河水的发源与汇流成大河的主题运用，在必经的展馆垂直交通旋转坡道上，通过数码影像技术把和"码头"相关联的隐喻以文字的方式做成了流淌的"水"的表现形式。室内以岩洞的形式布展，不仅营造出原始的氛围，又可以巧妙地将多媒体技术融合，丰富了视觉效果，岩壁的独特造型也可成为游客小憩的地方。 设计师为我们创造了一个能思考且能灵性对话的空间。 建筑外墙运用感光材料和蒙太奇手法制作成森林彩绘玻璃墙，打破了博物馆展示形式的局限。

① 建筑外墙为感光材料
② 博物馆南面花园
③ 展厅内的灯光效果

布朗利码头博物馆
Qual Branly Museum

布朗利码头博物馆
Qual Branly Museum

① 室内空间中自然光与人工光源相协调
②③ 展厅展示细部

博物馆建筑外观

敦巴顿橡树园博物馆坐落于美国华盛顿。橡树园的历史可追溯到 18 世纪，1920 年被米尔德里德和罗伯特·伍兹·布利斯收购，并在之后的 45 年内不断修缮和扩建。园内收藏了大量的哥伦布时期和拜占庭艺术藏品及书籍。1940 年成立了由哈佛大学管理的敦巴顿橡树园研究图书馆和收藏馆。目前呈现在我们眼前的敦巴顿橡树园博物馆是耗时 6 年、造价过 460 万美元的建筑群，包括了园丁庭院、食堂、温室、园丁小屋、副楼、主楼的翻新扩建，以及大量的场地工程，这些都与景观建筑师比特丽克丝·弗兰德设计的景观相呼应。同时虚拟手法的展示语言也是博物馆的一大亮点。

博物馆入口空间及装置

① 历史厅设计和展示空间
② 博物馆商店
③④ 博物馆大厅空间

敦巴顿橡树园博物馆
Dumbarton Oaks Museum

道尼尔博物馆
Dornier Museum

飞机库展示空

道尼尔博物馆位于德国福吉沙芬。博物馆以"伟大先驱的会面地"为口号，带领参观者进行航天世界的探索之旅。该博物馆的一楼以道尼尔公司的发展为序幕，对航空制造业的先驱们表达了敬意。楼上则通过270度的环形展厅展示了公司对一个历史时代所造成的巨大影响。整个博物馆藏品400余件，展示了公司100年以来的开创精神，而室内投影呈现出各个历史时期的故事。该博物馆在设计上运用了可切换的玻璃来制作大型框架进行空间划分。在不透明的情况下，玻璃成为了投影的幕布，在透明的情况下，玻璃则让人们看到了公司的历史的发展进程，也让参观者体验到了空间的延伸。

① 飞机展示空间
② 新开端主题的展示空间

① 展示陈列品雷达桌
② 透明陈列柜
③ 零件档案展示空间

道尼尔博物馆
Dornier Museum

RÜSTUNGSWETTLAUF
ARMS RACE

动影像博物馆

Museum of Moving Image

环形展示空间

博物馆入口

动影像博物馆位于美国纽约。它在 2011 年进行过一次翻新和扩建，新建的空间包括：同时可容纳 264 人的剧院、68 人的放映室、视频剧场、可变换的展厅、教育中心、藏品仓库、咖啡厅、博物馆商店和庭院花园。这大大提升了博物馆的公共使用率和功能性。

当参观者进入大厅，穿过 15 米长的墙壁，可以看到一个拥有 85 度倾斜角的全景视频投影墙，它将导引观众进行观览。博物馆扩建部分空间还包括了一个 380 平方米的无障碍展厅，这样的展厅条件提高了展厅的使用价值，在这里可以举办各式各样的展览。位于四楼的藏品储藏区将 130000 件珍贵藏品向世人开放，动影像博物馆成为了一个很好的学术交流场所。

动影像博物馆
Museum of Moving Image

① ② 休息大厅、前台大厅
③ 数码资料室
④ 多媒体会场

德国格拉苏蒂
手表博物馆

German Watch
Museum Glashütte

N | Nivarox-Spiralfeder
Nivarox balance spring

Q | Quadrant
Quadrant

V | Vergolden
Gold plating

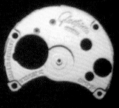

P   Q   R   S   X   Y   B

Eine Nickelstahllegierung für selbst-
kompensierende Spiralfedern, die
Beimengungen von Beryllium, Titan
und Wolfram hat. Sie ist vollkommen
temperaturbeständig, rostfrei,
unmagnetisch und hochelastisch.

A nickel-steel alloy for self-compensating
balance springs that includes small
amounts of beryllium, titanium, and
tungsten. This alloy is completely
impervious to temperature, rust, and
magnetism, and it is highly elastic.

Mittelalterliches Instrument mit
Darstellung eines in Grad (Stunden-
linien) eingeteilten Viertelkreises,
mit dem durch Anvisieren der Sonne
die Zeit bestimmt werden kann.

Medieval instrument depicting the time
in degrees (hour lines) on a divided
circle that can determine the time by
the sun.

Das Überziehen eines Gegenstandes
mit einer dünnen Goldschicht, um ihn
wertvoller wirken zu lassen und (bei
Metall) als Korrosionsschutz. Die gal-
vanische Vergoldung durch Elektrolyse
ist die einfachste Methode.

Coating an object with a thin layer of
gold in order to have it seem more valu-
able. Used on metal, it is protection
against corrosion. Galvanic gold plating
via electrolysis is the simplest method
of applying it.

手表博物馆展示局部

格拉苏蒂手表博物馆坐落于德国的格拉苏蒂前手表学校内，总展览面积可达 1000 平方米。博物馆不仅仅向观众展示其珍贵的手表，还通过展示设计语言的独特性，为观众营造一个可进行时间体验的展示空间。为此，设计师划分出历史房间和时间房间两个展厅空间及无重复的展示导向路经，引导观众从一楼到二楼观看。手表博物馆的展示呈现了这些特点：有秩序演示展览的内在思维，展示的设计语言简洁而丰富，从传统的实物展示到多媒体展示，让观众的展馆体验感升级。整体空间洁净明亮，考究又时尚。参观者将在手表博物馆里体验时间，了解时间。

① 展厅入口
② 格拉苏蒂手表博物馆展示空间

① ② ③ 展厅实物展示手法

德国格拉苏蒂手表博物馆
German Watch Museum Glashütte

① 德国腕表制作学校场景再现
② ③ 手表展示空间细部

丹麦犹太人博物馆

Danish Jewish
Museum

博物馆的历史外墙

丹麦犹太人博物馆坐落于丹麦的哥本哈根。博物馆是以"戒律"及其深层伦理为主题含义。建筑的外形与内部空间设计，巧妙地利用了皇家船屋拱顶的造型和皇家图书馆内部屋顶与墙壁的呼应关系。整体展示空间的彩色玻璃烘托"戒律"缩影的理念，建筑在设计上充分考量建筑本身与所在城市的关系。通过已有的皇家图书馆人行道将新旧两馆相连，并更改原有的区域功能，将原有的"出埃及记"展厅置换成具有全新功能的"城市空间"。展示通过船的象征元素体现丹麦犹太人群体独特的生存状态。大厅入口处被划分为会客区与露天咖啡厅，在垂直的墙壁上投影是展示的特色所在。

丹麦犹太人博物馆
Danish Jewish Museum

① 屋顶与墙壁之间的空间关系
② ③ 墙壁与地面空间关系
④ 博物馆展厅细部

蒂尔堡奥蒂斯
纺织品博物馆

Audax Textile
Museum Tilburg

① 博物馆入口空间
② 灯光与纺织品结合的设计效果

　　蒂尔堡奥蒂斯纺织品博物馆坐落于荷兰的蒂尔堡，建在 19 世纪的莫摩尔斯毛纺工厂遗址内。为了使原来建筑零碎的功能区整合统一，设计师重新设计建设了大楼的入口厅、档案储藏室及阅读室。重新设计的大楼入口运用钢铁支架的网状分布支撑全玻璃材质的建筑立面，如此极具现代设计感的大楼入口与原址的建筑形成鲜明对比，也提升了建筑交通导向的辨识度。整座建筑的内部空间除了纺织品展厅区和档案馆，还包括了会议厅、礼堂、咖啡厅等丰富的公共空间。共可容纳 100 多人的展厅空间在设计的形式上巧用布料与灯光相结合的独特效果，当你踏入馆内，这里闪跃着的纺织品与迷人灯光的交相辉映，满足观众的视觉享受。

① 纺织工业设备展示空间
② 纺织品陈列空间
③ 纺织工业设备和纺织品展示大厅

蒂尔堡奥蒂斯纺织品博物馆
Audax Textile Museum Tilburg

帝国战争博物馆北馆

Imperial War Museum North

展厅展示空间细部

　　英国曼彻斯特帝国战争博物馆北馆是帝国战争博物馆的五个分馆之一，是建筑大师丹尼尔利伯斯金在英国的第一个建筑。博物馆建筑由三个关联着的碎片组合而成。整个建筑几乎被金属笼罩，5000平方米抛光的铝皮包着屋顶，6880米长的铝板复合墙面。在室内的展示空间，帝国战争博物馆选择了4种意象来表达英国的风貌：石头、田野、水和森林。博物馆陈列展示包括了海、陆、空三个主题，影像和布展极富感染力。其中战斗机展厅，孩子们可以穿上飞行服，背上降落伞，坐在机舱内体验一回当飞行员的感觉。这个建筑在文化重建、技能和设计上都给人们以强烈的震撼。

① ② 建筑外空间装置
③ 博物馆展厅细部
④ 博物馆休息区
⑤ 楼梯空间

帝国战争博物馆北馆
Imperial War Museum North

法隆寺宝物馆

Gallery of Horyuji
Treasures

法隆寺宝物馆鸟瞰图

展厅中楼梯与展位的空间关系

　　法隆寺宝物馆以恢宏的气势完美体现了日本建筑师谷口吉生特有的极简主义设计风格。宝物馆在日本东京上野公园的一角熠熠生辉，玻璃盒子优美雅致，金属门廊体形纤细。宝物馆是东京国立博物馆建筑群中的后来者。其他建筑物建于不同时期，风格各异。宝物馆占地面积 4031 平方米，专门存放三百多件法隆寺宝物。建筑物的核心则是混凝土盒子，用高科技控制温度和湿度来保护娇贵的艺术品。谷口吉生的设计包含日本传统建筑元素：布局非对称，宁静的入口处有水和花园渐次展开，薄薄的屏风将空间分出内外。

法隆寺宝物馆
Gallery of Horyuji Treasures

① 楼梯间空间形式
② 展厅展示细部
③ 光线的使用与布局

盖洛德 – 皮肯斯俄克拉荷马
遗产博物馆

Gaylord-pickens Oklahoma
Heritage Museum

博物馆外立面和主入口

　　盖洛德－皮肯斯俄克拉荷马遗产博物馆坐落于美国俄克拉荷马城，它包括俄克拉荷马名人堂和一个青年画廊。博物馆的意图是向人们介绍俄克拉荷马的历史，所以设计师在原有建筑的基础上对内部的功能进行改造，重新规划展览空间和办公区域，在建筑纵向的功能结构上也做了调整。一楼的功能区定位是可供小型会议、讲座的放映室，二楼的画廊配有大型会议室、多功能媒体室，三楼是可举办酒会、舞会的烹调餐饮区。户外的花园做了全新的改造，通过一面有人工瀑布的玻璃墙可以将视线与路径引入花园中一个具有现代设计感的凉亭，花园则可以举办一些聚会。

博物馆展厅空间细部

盖洛德 – 皮肯斯俄克拉荷马遗产博物馆
Gaylord-pickens Oklahoma Heritage Museum

① 博物馆中的媒体装置
② 多功能开放空间
③ 博物馆入口大厅空间

国际蕾丝与时尚之城

International City of
Lace And Fashion

建筑外立面

国际蕾丝花边之城坐落在法国城市加莱。它的面积达到 7500 平方米，拥有两个主要建筑。一个是可以追溯到 1870 年的旧工厂建筑，包含永久珍藏室和行政办公室，另一个是扩展出的展示空间，包括一个拥有 200 个座位的礼堂。建筑中央有一个大庭院。金属的框架呈一个刚性开放的双幕墙钢化玻璃的双曲线外观。钢结构有一个 17 米悬臂。博物馆的档案馆包括超过 12000 个时装评论的资源中心，以及一个收藏自 18 世纪后期以来，关于时尚纺织主题的有超过 3000 册书的图书馆。"Tissutheque"面料库收藏了自 1838 年到 1940 年的 1500 个机制花边器和超过 500000 件的加莱花边样品。

展厅展示细节

① 展厅展示细节
② 陈列语言与照明

国际蕾丝与时尚之城
International City of Lace And Fashion

荷兰非洲博物馆

Africa Museum in the
Netherlands

展厅陈列细部

博物馆接待处

自 1958 年以来，这座坐落在荷兰阿姆斯特丹的非洲博物馆便在不断地完善扩建。最近一次扩建是阿姆斯特丹的设计师施尔敦和拜金斯为博物馆新设计了一个礼堂。在室内空间的展示设计方面，设计师施尔敦采用红色作为墙面的主色，用舞动着的非洲人像造型迎合非洲博物馆的主题，装饰在墙面的人像图案织锦是荷兰纺纱品博物馆为该馆特别设计的。这种彩色格子的配色为馆内成功营造出了温暖、喜庆的节日氛围，而这墙面上的人像织锦也被称之为"博物馆里的杰作"。在采光上，当白天日光从窗外射入，150 个聚酯座椅将通过投影连成一片，形成了有节奏的"光线波"，也凸显室内空间开放性的设计理念。

①②③ 展厅陈列空间细部

荷兰非洲博物馆
Africa Museum in the
Netherlands

①②③ 博物馆礼堂空间

河 畔 博 物 馆

Riverside Museum

鸟瞰河畔博物馆建筑造型

河畔博物馆坐落于英国格拉斯哥，由世界著名设计者扎哈·哈迪德设计建造。河畔博物馆也是哈迪德在英国建造的首个公共建筑作品。整体占地面积 22400 平方米，造价花费 7400 万英镑。博物馆拥有 3000 多件展品，另有 150 多个互动性展览向世人讲述全球的"克莱德制造"产品。

建筑在工程上使用了先进的创新技术，与建筑一同被设计其中的还有汽车墙、悬挂自行车赛场、南非机车、9号蒸汽车头、摩托车甲板、船舶下水表演及其他产品的展示，以及三条重新规划的复古街道。

博物馆体现着无限的成就感和活力。

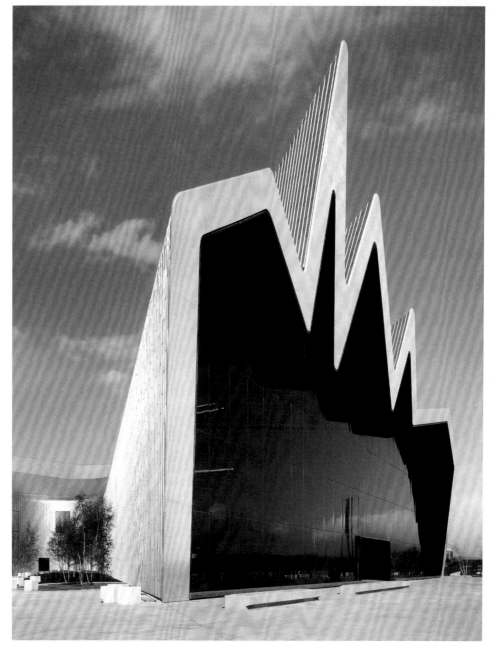

河畔博物馆入口

河 畔 博 物 馆
Riverside Museum

① ② ③ 河畔博物馆展厅细部
④ ⑤ 河畔博物馆内部空间

滑铁卢地区博物馆
Waterloo Region Museum

博物馆公共活动空间

① 博物馆拼贴墙
② 博物馆夜景与环境空间关系

　　滑铁卢地区博物馆位于加拿大的基奇纳。由森山 & 半岛建筑事务所与沃尔特·菲迪事务所一同设计建造，2011 年建设完成，整座建筑面积 4360 平方米。

　　滑铁卢地区博物馆为我们带来了 1914 年历史村落的真切体验，同时也为世人展现和讲述了滑铁卢地区从德国门诺会（门诺派是基督新教中的福音主义派别）初期到现在的历史发展过程。

　　建筑的景观设计中值得一提的是水池的设计。它作为景观装置的同时，也是雨水收集池和整座建筑中的水处理系统的蓄水池。这样的设计使这座滑铁卢地区博物馆的用水量比同规模建筑的用水量减少 60％。这使建筑的实际使用效率大大提升。

滑铁卢地区博物馆大厅空间

博物馆的室内空间

COLLECTING TOOLS

加利福尼亚
科学院展览馆

California Academy
of Sciences Exhibits

A WEALTH OF WILD SPEC

展览馆展厅细部空间

加利福尼亚科学展览馆位于美国加利福尼亚州。由建筑设计师佐·皮亚诺设计完成。主要分为东西两个展厅，共占地约 1858 平方米，东侧的展厅为"进化之岛"，主要展示了科学院在加拉帕戈斯群岛和马达加斯加岛上进行的以进化为焦点的探索和研究。而两侧的展厅以"变异之州"加利福尼亚州的气候变化为主题，审视了全球及加利福尼亚的气候变化。加利福尼亚科学院展览馆颠覆了传统博物馆展厅方式，它的特别之处在于与传统封闭式展览不同，露天展厅促进了互动，为参观者带来了近乎科学家式的探索方法和独特的自然体验。

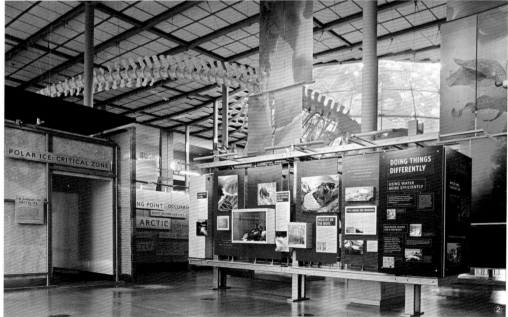

① 夜晚，从外部看博物馆室内
② 开放跨越的展示空间

加利福尼亚
科学院展览馆
California Academy
of Sciences Exhibits

① ② ③ ④ 展厅展示细部

东展厅——"进化之岛"立体展示空间细部

博物馆玻璃幕墙

① 博物馆天花板
② 加拿大自然博物馆中庭
③ 博物馆"灯笼"形空间结构

　　加拿大自然博物馆于 2010 年向观者开放。由 KPMB 建筑设计事务所设计建成。它位于加拿大安大略省的渥太华。

　　此案的设计是在原有的遗产建筑上进行重新翻修设计，以符合建筑对收藏量、公共服务、研究活动为主的功能需求。这就要求设计要综合考量原来室外场地与室内空间的条件。

　　南侧重新设计为一个可容纳 600 人的集会、研讨的公共服务空间。屋顶的挑高，则被改造成为可供参观者眺望的景观平台。

① 博物馆内窗户与空间的关系
②③④ 加拿大自然博物馆展示细部
⑤⑥ 博物馆楼梯的空间关系
⑦⑧ 博物馆内部空间

加拿大自然博物馆
Canadian Museum of Nature

间谍科技巡回展
空间设计

The Science of Spying

展厅展示空间

间谍科技巡回展陈列装置

间谍科技巡回展最先是在美国印第安纳波利斯儿童博物馆内举办的，此后的 5 年在全世界各国进行巡回展览。其设计探索了间谍技术在现代社会的身份问题，拥有强烈的叙事感，强调角色扮演的特点，展览内容老少皆宜，展览形式别具一格。展览依据其间谍科技展的主题，将展览分为 7 个区域，参观者在这里可以完成一次模拟的间谍任务，从最初的招募到最终从敌方逃脱体验。为了营造全方位的展示效果，多层次的设计为其背景增添了图形元素，让整个间谍科技展图文并茂。增强展厅空间的韵律，采用双重语言讲解也显得尤为贴心和人性化。

①②③④⑤⑥ 间谍科技巡回陈列展示空间

间谍科技巡回展空间设计
The Science of Spying

昆虫世界博物馆

Bug World Museum

展厅空间细部

体验仿真的展示空间

　　昆虫世界博物馆是英国艾伯特码头博物馆旅游区全新景点，为全球的参观者提供了一个近距离接触昆虫世界的机会。昆虫体验馆的特点在于趣味性和休闲性，人们在体验馆中经历一场探索世界奥妙之旅，参观者可以通过巧妙先进的展示手段获得对昆虫世界的真实体验。这也是与普通博物馆的不同之处。体验馆为了让参观者更真实地体验昆虫世界，不仅展品俱全，而且特意在馆内模拟了大量的昆虫栖息地，通过现代科学技术，如数码互动展厅、信息台和连续的表演让参观者近距离接触昆虫，真切地感受昆虫世界以及整个星球的生态系统。这里是爱好大自然人们的天堂！

昆虫世界博物馆
Bug World Museum

① 展厅细部
② 大虫子——昆虫处理区
③ 纵向思维的展示空间
④ 展厅细部
⑤ 向下看前台
⑥ 展厅空间处理细节

拉皮达瑞博物馆
Lapidarium Museum

展出的艺术品与自然环境相结合

① 博物馆内部空间
② 走道和特殊设计的墙壁

拉皮达瑞博物馆坐落于克罗地亚诺维格拉公园之中，与周边的教堂和居民楼相呼应，已成为城市公园的一部分。该博物馆收藏中世纪早期的纪念物——建筑雕塑和教堂装饰，这些藏品来源于临近的大教堂。

该博物馆是公园内的一座开放式的玻璃亭，亭子里有两座混凝土盒子结构的建筑，主要是用于展览用，分别再现洗礼堂，展示圣礼容器和圣坛。整个博物馆的其他剩余空间则面向公园开放。当博物馆进行各种活动时，建筑将作为活动中心，而周边空间则成为其活动的延伸场地。拉皮达瑞博物馆运用了自然光线作为采光手段，这成为其空间展示设计的特色。

里昂住宅博物馆

Lyon House Museum

博物馆夜景

① 博物馆交流空间
② 博物馆音乐厅
③ 博物馆外观

　　里昂住宅博物馆坐落于澳大利亚的墨尔本。由里昂斯设计建造，于 2009 年对外开放。建筑总面积 1350 平方米。

　　里昂住宅博物馆，一听名字就知道它是一座体验式的博物馆，它是将生活与艺术设计联系起来的一个展示场馆，它探索了公共和私密、艺术和生活的全新关系。

　　在建筑的两端有两个双层楼高的"白立方"和"黑盒"。博物馆的室内空间功能模糊，却使空间的展示与利用效率大大提升，在这里每周都对公众、学院和研究人员开放，也会举办音乐会、艺术讲座等文化活动。

① 博物馆社交起居空间
② 博物馆餐厅
③ 博物馆展示空间

里昂住宅博物馆
Lyon House Museum

里昂住宅博物馆展示空间细部

漫画博物馆

Comic Book Museum

建筑外立面

展厅陈列细部

　　这座漫画博物馆位于法国昂古莱姆，于 2009 年 6 月正式开馆，博物馆将建筑旁的储酒旧仓库重新翻修，这使实际可使用面积达到 5000 平方米。这其中包括 1300 平方米的永久收藏空间。这里收藏了昂古莱姆历届漫画节全球闻名的作品。

　　漫画博物馆的室内空间清新、优雅，简单的流线型空间装置，让漫画作品在这个极简而雅致的环境中突出它的价值。其中一组曲线形的展柜着重向参观者展示漫画的历史。

　　这里展示的作品、书籍、模型都是艺术的伟大时刻和当代文化的印记。

① ② 环形阅览空间

漫画博物馆
Comic Book Museum

③ 阅览区的环形椅子
④ 展厅展示细部

那罗钠考古博物馆

Narona Archaeological
Museum

楼梯走道的空间关系

① 博物馆周边
② 钢铁山栅栏平台

那罗纳考古博物馆是克罗地亚第一座建在考古地现场上的博物馆。该博物馆因呈现了那罗纳古城中丰富的历史遗产而举世闻名，也是目前唯一一座呈现整个罗马帝国祭礼情况的庙宇，该博物馆的内部空间是根据所陈列的罗马考古文物的尺寸设计。而室外空间则依据神庙和讲坛的规模以及同周边普通住宅的规模而决定，遵循自然、统一、和谐的设计理念。该博物馆的巧妙设计是利用钢筋混凝土材料产生简朴的质感，博物馆外墙以狭窄的塑料板为材质，让漫射光渗透进空间中，将自然光利用得完美而巧妙。

罗马神庙遗址

① 罗马神庙遗址
② 钢铁栅栏走道

那罗钠考古博物馆

Narona Archaeologlcal Museum

圣像博物馆
Saints Museum

博物馆展厅展示细部

①② 博物馆展厅中圣像与空间的关系

　　奥罗特圣像博物馆坐落于西班牙的加泰罗尼亚。设馆旨在让更多人了解这些闻名世界的圣像雕像艺术，博物馆通过一个重现雕像工坊的形式，展现数百年前的工艺对城市的影响。博物馆收藏展示了大量的雕塑圣像，包括博物馆在内的这座哥特式建筑曾经是"基督艺术"的总部，总部在 1880 年始建第一间制作圣像的雕塑工厂。走进这座圣像博物馆，参观者可以通过观看体验宗教艺术，了解某个特定时期人类的历史、民族和文化艺术。

圣 像 博 物 馆
Saints Museum

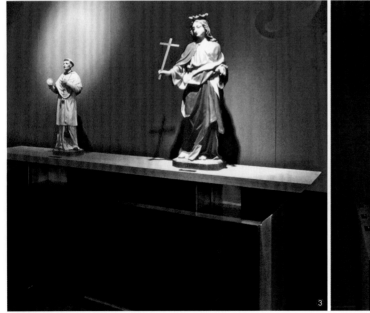

①②③④ 博物馆中圣像展示细部

①② 博物馆展厅中圣像与空间的关系

桑腾罗马人博物馆

Romer Museum Xanten

传记展厅空间陈设细节

① 博物馆建筑外观
② 序幕——生命的足迹嵌入空间展示

博物馆坐落在德国桑腾罗马古城的发掘地，让人们仿佛重回到那莱茵河下游的罗马人时代。博物馆整座建筑由钢材和玻璃材质混合建造而成，建筑高 20 米，建筑内部有一条长达 80 米盘旋坡道。博物馆内收藏了 2500 多件珍贵藏品。它们讲述着罗马城由兴到衰的历史。有导向功能的走道，依据时间发展顺序将各个展区相连。每个时期都有一个相关主题陈列室。空间内部展示了真人大小的罗马雕像，同时结合现代多媒体手段比如电影和视频资料的放映。博物馆的内部空间通过不同的陈列样式将区域分开，形式感丰富又整体统一。

① 陈列柜——罗马人的来临
② 展厅陈列
③ 露营生活展示空间
④ 坡道系统展示空间

桑腾罗马人博物馆
Romer Museum Xanten

商博良博物馆

Champollion Museum
Scripts Of The Word

博物馆展示气氛

建筑空间与展示陈列的关系

　　商博良是埃及象形文字的解密者，这座商博良博物馆位于法国菲雅克小城的市中心。博物馆的周边还有四座中世纪的建筑，博物馆占地面积 1400 平方米。建筑的拱廊部分为 12 世纪建造，楼体部分为 18 世纪所建。在设计师的重新规划下，新建筑力图摆脱原有屋宇的束缚，重新修建了一个用 48 块平均 3.5 米 × 1.2 米的玻璃面板组成的新拱廊，包括凉廊部分和阳光露台。商博良博物馆包括一个永久性藏品展示厅、一个临时展厅和位于建筑附近的独立的可用于研究的区域场所。

展示设计细部

镂空雕刻板在自然光下的效果

商博良博物馆
Champollion Museum
Scripts Of The Word

威利奥斯科学博物馆

Welios Science Museum

博物馆建筑外观

博物馆外立面

威利奥斯科学博物馆坐落于奥地利的威尔斯，博物馆的的设计主旨是"可再生资源"，以烘托威尔斯市"能源之城"的美誉。

在威利奥斯科学博物馆，人们可以体验到各式各样的物理现象。建筑采用水泥为主的建材，牢固、坚硬。坡道和倾斜的墙壁让建筑纵深感极强，通过设计语言体现博物馆开放和动感先进的理念。在建筑的外立面有线条的图案，这些外立面的带条采用 LED 背光式照明，如此在黑暗中整座博物馆也拥有引人注目的外观。

① ② 博物馆展厅空间细部

① 博物馆大厅空间
② 博物馆体验区空间

威利奥斯科学博物馆
Welios Science Museum

NEW MEXICO HISTORY MUSEUM
PETE V. DOMENICI BUILDING

博物馆外观

新墨西哥州历史博物馆位于美国圣达菲，2009 年由塞勒·格莱格建筑事务所设计完成。

这座占地 8919 平方米的历史博物馆前身是圣达菲总督府。于 1610 年由西班牙人建于美国西南部的全美最古老的公共建筑。

新墨西哥州的历史博物馆的建设和开放使得这座具有 400 年历史的老建筑重新获得了一次"生命"。它的重现原本就是在展示着墨西哥的历史的变迁。

博物馆是砖坯建筑，外形简朴，像一位讲述故事的老者。内部空间功能区域划分明晰，每一个区域主体不同，但纵向主题明确。用心的空间设计带给观者一种"重温"的观看体验。

① 新墨西哥州历史博物馆入口大厅
② 总督府庭院大门
③ 从博物馆大堂看总督府

① ② ③ 新墨西哥州历史博物馆展厅细部

新墨西哥州历史博物馆
New Mexico History Museum

① 流动展示大厅空间
② 底层中央展览区空间

易卜生博物馆

Ibsen Museum

室内空间细部

博物馆展厅中央空间

　　易卜生博物馆坐落于挪威的奥斯陆。设计师在设计这座易卜生博物馆时希望可以突破传统的故居展览的设计概念。他在设计过程中寻求一种两全其美的展示方式，既可以诠释易卜生的文学精髓，又可以在展示方式上创新，让观众有全新的故居展示体验。将整个室内的空间设计为展柜的角色，除了开放式的墙壁，展示部分内部空间的展示设施均有意识地与原有空间形成一定距离，如此以简单明了的方式将展示区域与原址区分，体现内在与外在形式上的区别，突出展示效果。复古的窗帘，深红的墙面，细节上的装饰，地面的投影灯光，营造了舞台戏剧效果。

① 博物馆展厅陈设处理
② 展厅过道与门厅的处理
③ 博物馆展厅陈设细节
④ 博物馆洗手间墙面处理

易卜生博物馆
Ibsen Museum

伟大战争博物馆

Meaux Country Museum
of the Great War

建筑底部空间

①② 建筑外观
③ 建筑底部礼堂入口

　　伟大战争博物馆坐落于法国，这是一个令人印象深刻的现代建筑，自2011年开放以来，它已成为远近闻名的博物馆，在不断变化的展览过程中博物馆拥有了大量独特的藏品，武器、制服、文件、图形作品和照片交织在一起展示，这座博物馆既生动又富有教育功能。

　　在伟大战争博物馆内，有一个精心重建的法国和德国的战场模拟，在3000平方米空间呈现给观众一场从1914至1918年间第一次世界大战战争场面的视觉体验。

　　视频和音频在整个展厅中营造震撼的展示氛围，向人们传递了战争带给人类的痛苦。

伟大战争博物馆
Meaux Country Museum of the Great War

①②③ 展厅展示细部
④ 模拟实景重现战争环境

Space as Architecture and Art:
Glimpse into the Design of
Foreign Public Art Venues

空间／
国外公共艺术场馆设计掠影

图书在版编目（CIP）数据

空间：国外公共艺术场馆设计掠影 / 刘丹编著. —
杭州：浙江人民美术出版社，2016.10
ISBN 978-7-5340-5328-3

Ⅰ. ①空… Ⅱ. ①刘… Ⅲ. ①艺术馆—建筑设计—国
外 Ⅳ.①TU242.5

中国版本图书馆CIP数据核字（2016）第241565号

编　著：刘　丹
特约编辑：江健文
责任编辑：程　勤
责任印制：陈柏荣

江健文书籍工作室 Jiang Jianwen Books Studio
www.Jianwen705@126.com

出版发行　浙江人民美术出版社
（杭州市体育场路347号）
网　　址　http://mss.zjcb.com
经　　销　全国各地新华书店
制　　版　杭州海洋电脑制版印刷有限公司（Cruse扫描制版）
印　　刷　浙江省邮电印刷股份有限公司（CTP印刷）
版　　次　2016年10月第1版·第1次印刷
开　　本　889mm×1194mm　1/24
印　　张　11.666
印　　数　0,001–1,500
书　　号　ISBN 978-7-5340-5328-3
定　　价　98.00元

如发现印刷装订质量问题，影响阅读，请与出
版社发行部联系调换。